阳光知识漫
SUNSHINE KNOWLEDGE COMICS

进化狂想曲

古生物
进化日志

[日] 种田琴美 著
[日] 土屋健 监修
庾凌峰 译

北京日报出版社

图书在版编目（CIP）数据

进化狂想曲. 古生物进化日志 ／（日）种田琴美著；
（日）土屋健监修；庚凌峰译. --北京:北京日报出版
社，2022.12
ISBN 978-7-5477-4307-2

I. ①进⋯ II. ①种⋯ ②土⋯ ③庚⋯ III. ①生物－
进化－普及读物②古生物－进化－普及读物 IV.
①Q11-49②Q91-49

中国版本图书馆CIP数据核字(2022)第079594号

北京版权保护中心外国图书合同登记号：01-2022-2487

YURUYURU SEIBUTSU NISSHI–HARUKAMUKASHI NO SHINKA GA YOKUWAKARU–
YURUYURU SEIBUTSU NISSHI–JINRUITANJYOU HEN–By Kotobi Taneda,2019/2020©
Kotobi Taneda,2019/2020 Simplified Chinese translation copyright©2022 by Beijing
Sunnbook Culture & Art Co.Ltd，All rights reserved.The simplified Chinese translation is
published by arrangement with WANIBOOKS CO.,LTD.through Rightol Media in Chengdu.
本书中文简体版权经由锐拓传媒取得（copyright @ rightol.com）。

进化狂想曲　古生物进化日志

出版发行：北京日报出版社
地　　址：北京市东城区东单三条8-16号东方广场东配楼四层
邮　　编：100005
电　　话：发行部：(010) 65255876
　　　　　　总编室：(010) 65252135
印　　刷：北京天恒嘉业印刷有限公司
经　　销：各地新华书店
版　　次：2022年12月第1版
　　　　　　2022年12月第1次印刷
开　　本：675毫米×925毫米　1/16
总 印 张：18.75
总 字 数：125千字
定　　价：82.00元（全2册）

版权所有，侵权必究，未经许可，不得转载

前言

那么，在看本书之前，请看这里。

哞

但其实进化是从突变开始的。

步步

生命的进化

盯

你脖子也太长了吧。

嗯，那是天生的。

真好啊。

啊，吃起东西来真方便呀。

咋咋吱吱

在这本书中，为了方便大家理解，我们将生物们塑造成卡通形象。

↓
×

遗传

适应环境的基因存活了下来。

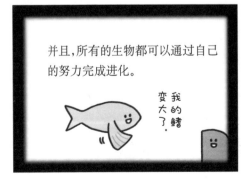

并且，所有的生物都可以通过自己的努力完成进化。

我的鳍变大了。

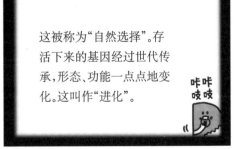

这被称为"自然选择"。存活下来的基因经过世代传承，形态、功能一点点地变化。这叫作"进化"。

咋咋吱吱

那么，基因
又是什么呢？

哈 终于 轮 啦！到 于 我

在生物的诞生与进化中，
DNA是必不可少的。

嘻嘻，也 不是 那么 重要 啦！

基因是构建生物身体的
"设计图"。
基因的主体叫作DNA。

恩恩

啪

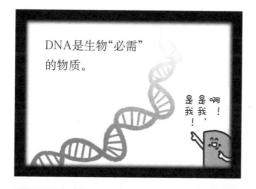

DNA是生物"必需"
的物质。

啊！是我！是我！

那么，

大家觉得怎么样？

如果DNA是书，

基因就是书里的内容。

DNA和基因就是这样的关系。

总之，进化是
经过长时间
自然选择的
结果。

DNA，也就是我。

DNA也是很了不起的呢。

嗯，非常感谢，你们耐心看完。

那么，让我们穿越时空到四十六亿年前，

去旅行吧！

到了。

* DNA一直在吃的是一种名为"海苔仙贝"的零食。

目录

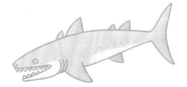

Precambrian

46亿年前~5亿4100万年前

前寒武纪

震旦纪
6亿3500万年前~
5亿4100万年前

寒武纪
5亿4100万年前~
4亿8500万年前

奥陶纪
4亿8500万年前~
4亿4400万年前

志留纪
4亿4400万年前~
4亿1900万年前

泥盆纪
4亿1900万年前~
3亿5900万年前

石炭纪
3亿5900万年前~
2亿9900万年前

二叠纪
2亿9900万年前~
2亿5200万年前

三叠纪
2亿5200万年前~
2亿100万年前

侏罗纪
2亿100万年前~
1亿4500万年前

白垩纪
1亿4500万年前~
6500万年前

地球诞生，生物也开始出现了。

地球诞生

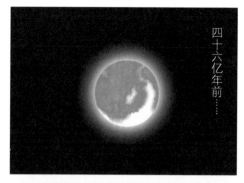
四十六亿年前……

某颗行星诞生了。

嘿，我出生了！

砰！

大碰撞说

一天的长度

不觉得最近每天过得很慢吗？

啊，那是因为我的引力吧。

由于月球的引力，海水表面发生摩擦，地球的自转变慢。

万有引力～

快让我转动一下！

海洋诞生

终于，地球和行星的碰撞停止了。

啊——

感觉真好。

平静了——

大气中的水蒸气冷却后，降落了下来。

我先走了——

再见啦——

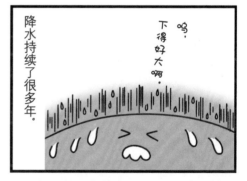

降水持续了很多年。

呜，下得好大啊。

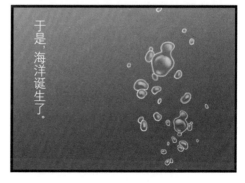

于是，海洋诞生了。

胚种论

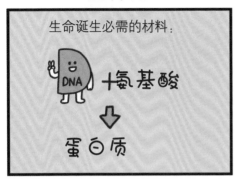

生命诞生必需的材料:

DNA + 氨基酸 ⬇ 蛋白质

啊!

砰!

也有人认为，当时地球上不存在氨基酸。

咦? 氨基酸?

没有哦。没有哟。

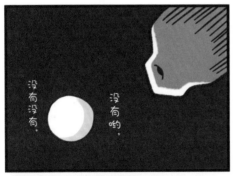

没有没有。

没有哟。

那是没有的，没有哟。

据说，从宇宙飞来的陨石上附着着氨基酸。

哇! 这是地球吧。呀嚯! 我们来了哟!

RNA世界理论

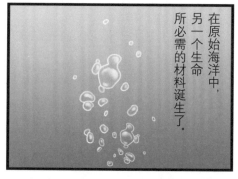

在原始海洋中，另一个生命所必需的材料诞生了。

突然有一天。

RNA
核糖核酸

这是什么？

是蛋白质哟。

特技是自我复制！

耶！

噔噔……

出现了利用氨基酸合成蛋白质的物质。

转

转

转

『与外界隔离』，这是生物存活的条件之一。

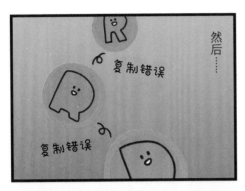

然后……

复制错误

复制错误

我要在这个世界上。

坚强地活下去。

活下去。

DNA诞生。

DNA
脱氧核糖核酸

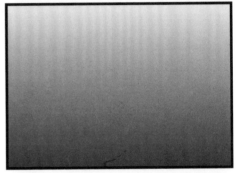

DNA 是一种比 RNA 更稳定的物质，能够进行自我复制。

强大

易分解

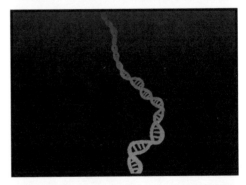

不断增加

不断增加

不断增加

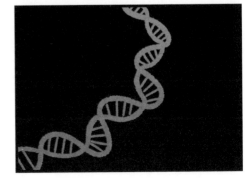

生命诞生

元素材料溶解后，混合在一起。

又过了一段时间，真细菌诞生了。

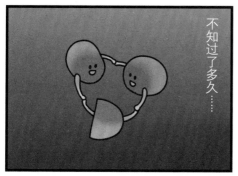

不知过了多久……

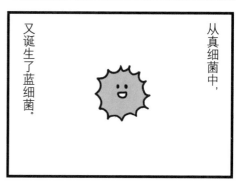

从真细菌中，又诞生了蓝细菌。

最初的生命诞生了。

蓝细菌能够进行光合作用。

非常努力了。

古细菌诞生了。

从今往后，请多多关照！

氧气

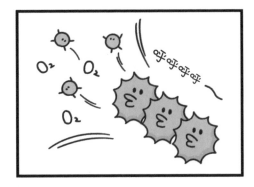

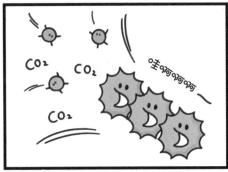

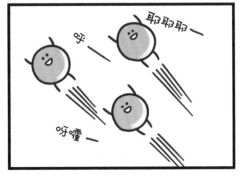

什么是光合作用？

利用水和二氧化碳生成有机物的过程。在此过程中会产生氧气。

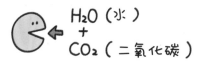

$$H_2O（水）+ CO_2（二氧化碳）$$

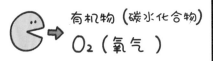

有机物（碳水化合物）

$$O_2（氧气）$$

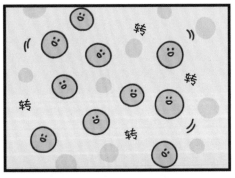

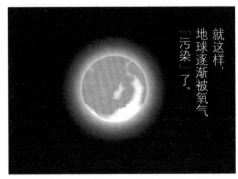

就这样，地球逐渐被氧气"污染"了。

氧气是剧毒

对我们来说，氧气必不可少。

空气真好。

啊—

但是，氧其实具有毒性。

对于当时的生物们来说，氧气是有剧毒的。

大海中……

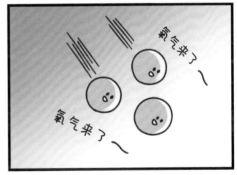

氧气来了—

氧气来了—

没错，被腐蚀了。

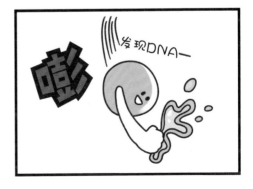

发现DNA—

嘭

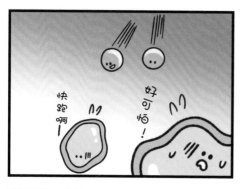

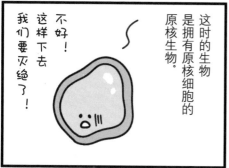

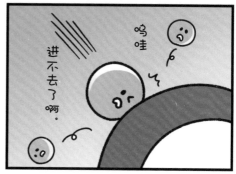

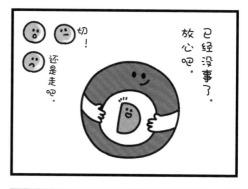

域

所有生物被分为三个域。

古菌域
（原核细胞）

产甲烷菌
嗜热菌
极端嗜盐菌　等

细菌域
（原核细菌）

蓝细菌
乳杆菌
大肠杆菌　等

真核生物域
（真核细胞）

变形虫
后生动物
植物　等

线粒体

另一方面，有一种物质也在进化。

哎——讨厌！难道都拿氧气没辙了吗？？

那个……

反过来利用，会怎样呢。

咻

姐姐——

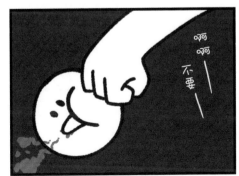

啊啊

不要——

细胞内共生

我是蓝细菌。

我让氧气增加了。

抱歉。

啪

糟了，

我竟然……

我是真核生物。

我制造了细胞核。

没想到这么不堪一击。

试着尝尝看？

我是线粒体。

我可以吸收氧气。

好氧型性微生物
线粒体诞生。

啊，好好吃。♡

嘖，真的吗？

嗯，差不多吧。

叶绿体的祖先

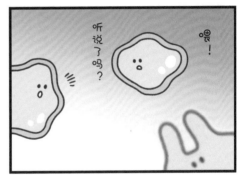

就这样，真核生物把线粒体吃进肚子里，

啊，真的呀，好厉害啊，线粒体。

咱们共生吧。

线粒体利用氧气，为细胞提供能量而生存下来。

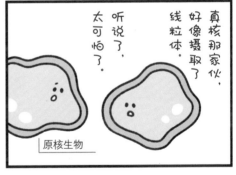

真核那家伙，好像摄取了线粒体。

听说了，太可怕了。

原核生物

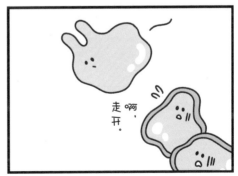

啊，走开。

我想变得更强，比其他任何人都强……

啊……

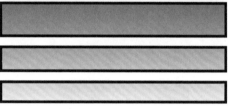

蓝细菌……

不是会光合作用吗？

多细胞生物诞生

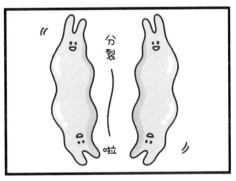

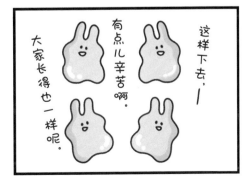

有性生殖

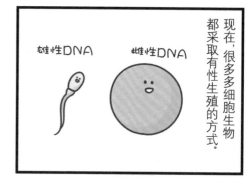

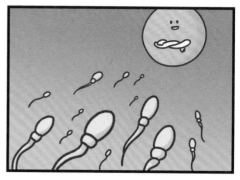

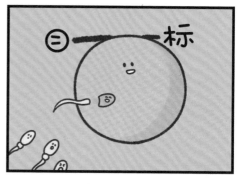

有性生殖与减数分裂

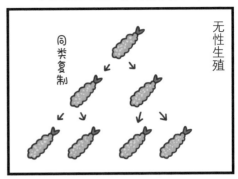

无性生殖

同类复制

有时候雄性的线粒体
不会被接受。

咔

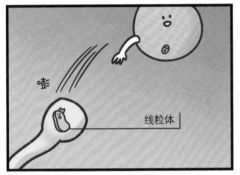

嗖

线粒体

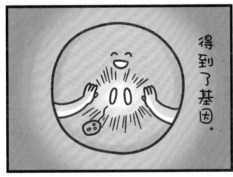

得到了基因。

就这样，卵子和精子的
基因结合在一起，
生命诞生了。

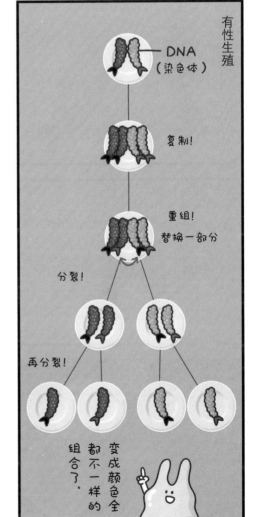

有性生殖

DNA
（染色体）

复制！

重组！
替换一部分

分裂！

再分裂！

变成颜色全
都不一样的
组合了。

基因重组以后，就变成这样了。

嗨！

嗨！

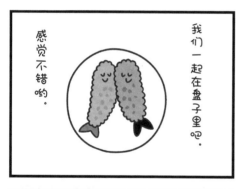

我们一起在盘子里吧。

感觉不错哟。

这使得无限的组合成为可能。我们每个人都拥有了独一无二的基因。

呈现出不同的个性！

震旦纪

前寒武纪
46亿年前~
5亿4100万年前

寒武纪
5亿4100万年前~
4亿8500万年前

奥陶纪
4亿8500万年前~
4亿4400万年前

志留纪
4亿4400万年前~
4亿1900万年前

泥盆纪
4亿1900万年前~
3亿5900万年前

石炭纪
3亿5900万年前~
2亿9900万年前

二叠纪
2亿9900万年前~
2亿5200万年前

肉眼可见的生物终于出现了哟!

三叠纪
2亿5200万年前~
2亿100万年前

侏罗纪
2亿100万年前~
1亿4500万年前

白垩纪
1亿4500万年前~
6500万年前

* 震旦纪单独列出,是因为出现了肉眼可见的生物。

震旦纪

变成多细胞生物后,它们逐渐演变成新的生物。

嗥?

新成员吗?我是狄更逊水母。请叫我狄更逊。

实验

今天，也是和平的一天。

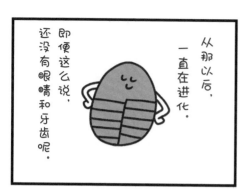

从那以后，一直在进化。即便这么说，还没有眼睛和牙齿呢。

哟，三星盘虫！你好啊。

因为眼睛看不见，大家都悠闲地生活在一起。因此，也没有什么竞争。

你长得好像飞行石*。咦？胚型吗？

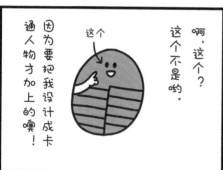

啊，这个，这个？这个不是哟。因为要把我设计成卡通人物才加上的嘛！

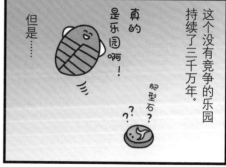

这个没有竞争的乐园持续了三千万年。真的是乐园啊！但是……胚型石？？？

喂，好好相处嘛。呃呃，呜呜……这个没有竞争的时代也被叫作『震旦纪乐园』。

---

* 飞行石：出自动画片《天空之城》。在动画中，飞行石是以高科技的技术所萃取出的可发动空浮的物质。

震旦生物群

进入寒武纪前，
几乎所有生物都灭绝了。

咦？

狄更逊水母 体长一至八十厘米
看起来左右对称，但实际在构造上有点儿微妙的
错位，左右并非完全对称。

就连后世生物与寒武
纪生物的进化关系也
都还是未知数。

什么意思？

我们不是
一直在进化吗？

三星盘虫 体长五厘米
有着现存的大型（肉眼可见大小）动物没有的特征，
即"三重放射对称"。

一些学者针对它们的繁荣
做了如下记录。

我们啊……

我们明明多达二百七
十种，怎么会……

金伯拉虫 体长十五厘米
化石的周围有刮刻的痕迹，
因此推测其身体的一部分长出触手，
并以生活在海底的有机物为食。

这个爆发式的繁荣
也是一种"实验"吗？

咦？实验？
开什么玩笑？

咦，
真的吗？

查恩盘虫 体长一米
它被称为脉形虫，
形状像叶子。

眼睛的诞生

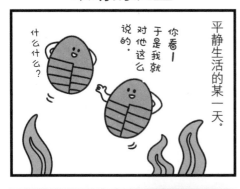

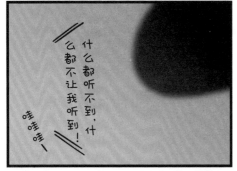

Cambrian Period

5亿4100万年前 ～ 4亿8500万年前

寒武纪

前寒武纪
46亿年前～
5亿4100万年前

震旦纪
6亿3500万年前～
5亿4100万年前

奥陶纪
4亿8500万年前～
4亿4400万年前

志留纪
4亿4400万年前～
4亿1900万年前

泥盆纪
4亿1900万年前～
3亿5900万年前

石炭纪
3亿5900万年前～
2亿9900万年前

二叠纪
2亿9900万年前～
2亿5200万年前

三叠纪
2亿5200万年前～
2亿100万年前

侏罗纪
2亿100万年前～
1亿4500万年前

白垩纪
1亿4500万年前～
6500万年前

出现了长着眼睛和硬壳的生物。

怪物

由于长出了眼睛，外观自然也出现了变化。

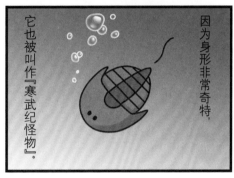

因为身形非常奇特，它也被叫作『寒武纪怪物』。

是三叶虫啊。

啊！

哟，微瓦霞虫。

你还是老样子，还长着非常棒的硬壳啊！

是的呢，非常坚固的哟。

节肢动物
三叶虫

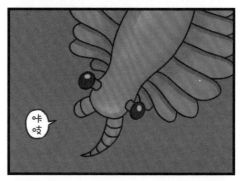

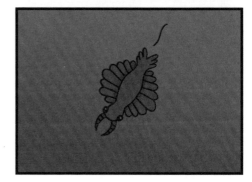

奇虾

节肢动物
奇虾

它的每只眼睛上有一万六千个水晶体，可以看到高分辨率的图像。

出于这个原因，它们被称为最强的捕食者。

然而……

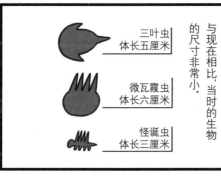

与现在相比，当时的生物的尺寸非常小。

三叶虫
体长五厘米

微瓦霞虫
体长六厘米

怪诞虫
体长三厘米

科学家分析它们的咬合力后，有人主张它可能吃不了太硬的食物。

和这些生物相比，奇虾全长却达到了一米左右。

拍拍

不可思议的生物们

奇妙的生物不只这些。

怪诞虫

嘶嘶

节肢动物
欧巴宾海蝎

啊，那边是肛门啊。

突突

这个有五只眼睛的生物确实是个怪物。

呀！

爬腹虫

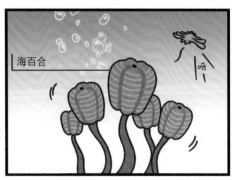

海百合

呀

这是个充满生物多样性的时代。

请你讲话客气点儿！

抱歉！

脊索动物

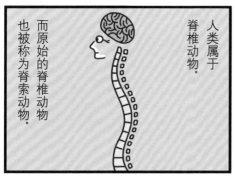

人类属于脊椎动物。

而原始的脊椎动物也被称为脊索动物。

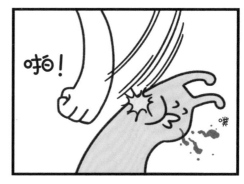

啪!

噗

最古老的脊索动物是我们的祖先!

最古老的脊椎动物可是我!

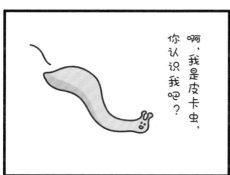

啊,我是皮卡虫,你认识我吧?

他们把我卡通化了,我可是你们的祖先哦。

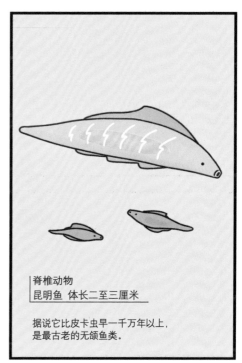

脊椎动物
昆明鱼 体长二至三厘米

据说它比皮卡虫早一千万年以上,是最古老的无颌鱼类。

*日本有一部动画,名字叫作《皮卡虫!》,与皮卡虫同名。

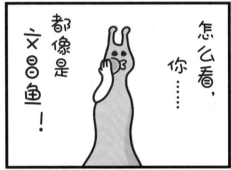

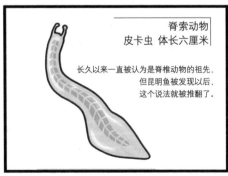

脊索动物
皮卡虫 体长六厘米

长久以来一直被认为是脊椎动物的祖先，
但昆明鱼被发现以后，
这个说法就被推翻了。

Ordovician Period

4亿8500万年前 ～ 4亿4400万年前

奥陶纪

前寒武纪
46亿年前～
5亿4100万年前

震旦纪
6亿3500万年前～
5亿4100万年前

寒武纪
5亿4100万年前～
4亿8500万年前

志留纪
4亿4400万年前～
4亿1900万年前

泥盆纪
4亿1900万年前～
3亿5900万年前

石炭纪
3亿5900万年前～
2亿9900万年前

二叠纪
2亿9900万年前～
2亿5200万年前

三叠纪
2亿5200万年前～
2亿100万年前

侏罗纪
2亿100万年前～
1亿4500万年前

白垩纪
1亿4500万年前～
6500万年前

从海洋世界移居到陆地上的植物出现了噢。

头足纲

寒武纪结束以后，新的海洋霸主诞生了。

我要跟大家说拜拜了。

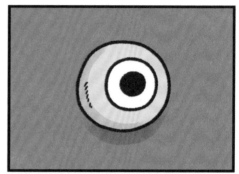

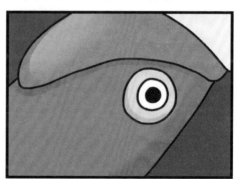

长得比较「随意」的鱼。

头足纲
房角石 体长六米

三叶虫

在很多头足类还只有数厘米长的时候，房角石的体型已经非常突出了。

好大！

然后，它们的繁荣也非常显著。

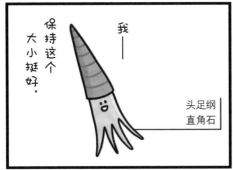

我——

保持这个大小挺好。

头足纲
直角石

最近好吗？

一切都好

抓到三叶虫——

不要啊，啊啊

诞生于寒武纪的三叶虫种类已经扩展到一万种以上了。

啊，是卡瓦勒斯基栉虫啊！

呀嚯——

哟！

呜哇哇哇 哇

这是经过几亿年漫长的岁月，活下来的古生物代表们。

看我——

叭叭啦啦——

长出鳞片的鱼

说到鱼，几乎都长着鳞片。

鳞片？

有噢！

有噢！

啦

太帅

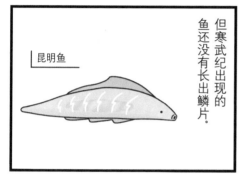

但寒武纪出现的鱼还没有长出鳞片。

昆明鱼

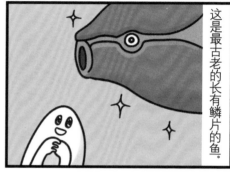

这是最古老的长有鳞片的鱼。

鱼鳞可以保护身体，并减少水的阻力。

他来了——

呀！

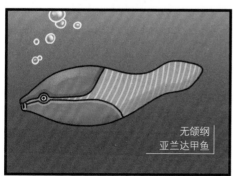

无颌纲
亚兰达甲鱼

但是，因为没有下颌，所以它是经常被捕食的弱者。

啊啊……

首次进军陆地

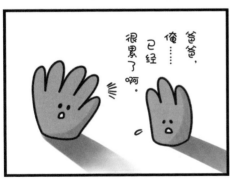

第一次生物大灭绝

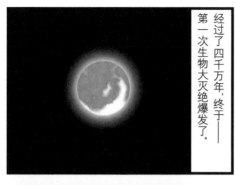

经过了四千万年，终于——第一次生物大灭绝爆发了。

摄入水分后逐渐变大了噢——

哎——头疼，头疼！

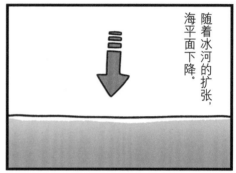

随着冰河的扩张，海平面下降。

好像这里冒出了点儿冰河呢！

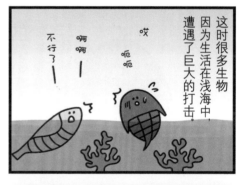

这时很多生物因为生活在浅海中，遭遇了巨大的打击。

不行了 啊啊 哎呀呀

咚咚——

听见了很多遗言…… 救命啊 不要

幸存者

已经完结了啊。

我们的时代……

千万不要放弃！

加油啊！

你先走吧！

我已经不行了……

别，别那么说，

我也不行了。

哪怕只留下你一个，

也要加油啊！

据说，几乎全部的浮游生物都灭绝了。

曾经大繁荣的三叶虫中也有很多种类灭绝了。

别留下我一个。

不能死啊——

牙形刺先生，再见——

再见，小鬼头……

小鬼头……

牙形刺先生！

脊椎动物
牙形刺

这就是被称为『五次生物大灭绝』的首次生物大灭绝。

剩下的四次考验并活下去。

它们还需要克服

Silurian Period

4亿4400万年前 ～ 4亿1900万年前

志留纪

 前寒武纪
46亿年前～
5亿4100万年前

 震旦纪
6亿3500万年前～
5亿4100万年前

 寒武纪
5亿4100万年前～
4亿8500万年前

 奥陶纪
4亿8500万年前～
4亿4400万年前

 泥盆纪
4亿1900万年前～
3亿5900万年前

 石炭纪
3亿5900万年前～
2亿9900万年前

 二叠纪
2亿9900万年前～
2亿5200万年前

 三叠纪
2亿5200万年前～
2亿100万年前

 侏罗纪
2亿100万年前～
1亿4500万年前

白垩纪
1亿4500万年前～
6500万年前

鱼长出颌后成为捕食者，变得更强了。

颌的进化

百分之七十二的生物灭绝了，在绝望中，幸存下来的物种正在努力地恢复元气。

大家都死了啊……

哎

从今以后，我该怎么办呢？

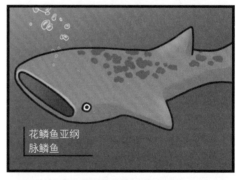

即使是有鳞片的鱼，
如果没有下颌和牙齿，
也无法捕食坚硬的猎物。

好饿啊。

呼——呼呼
那——你很厉
害吗？

不厉害啊，
我们没有颌！

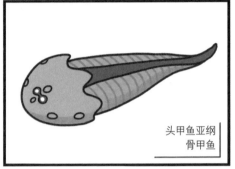

头甲鱼亚纲
骨甲鱼

没有颌吗？

那么，
那家伙呢？

你在干吗？

我在吃东西
耶……

为什么
戴着
头盔呀？

戴着它，可以
保护脑袋呀……

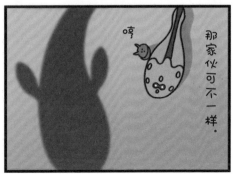

那家伙可不一样。

哼

顶囊蕨

辐鳍鱼亚纲
海德鳞鱼
后来成为鱼类主角

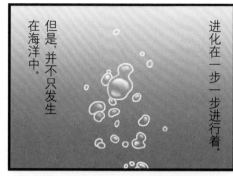

进化在一步一步进行着。

但是，并不只发生在海洋中。

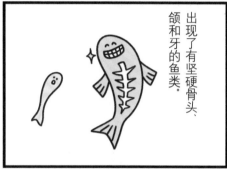

出现了有坚硬骨头、颌和牙的鱼类。

它们的存在，想必你已经忘记了吧……

已经不能捕食了，再也没有我们出场的机会了……

那些勇敢地进军陆地的植物成功了。

大鱼类时代开始了。

于是，作为『狩猎者』的鱼登场了。

振作点儿！

不合啦！

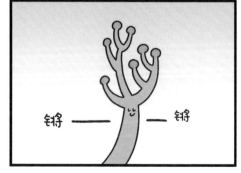

锵 —— 锵

啊，我吗？我叫顶囊蕨。

我是陆地植物吗？没错噢！

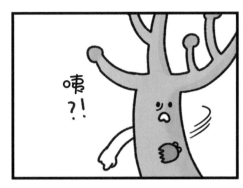

咦?!

经过光合作用，氧气逐渐增加了。

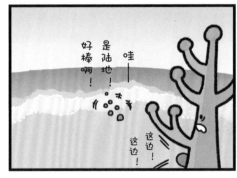

哇——是陆地！好棒啊！

这边！这边！

咦？等下！那是什么？谁来了？

在我们的祖先登陆五千万年以前，节肢动物就已经开始进军陆地了。

没有天敌，太棒了！

不管怎样，氧气增加了，这里也有可以补充能量的植物！

我来啦！♡

而且，它们逐渐进化成了地球上数量最多的物种『昆虫』。

喂！这边这边——

节肢动物进军陆地

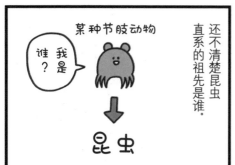

还不清楚昆虫直系的祖先是谁。

某种节肢动物

我是谁？

↓

昆虫

四、已有的呼吸器官也可以吸收不少的氧气。

嗯……总能有办法的。

为什么节肢动物比四足动物更早进军陆地呢？

理由如下：

一、臭氧层形成了。

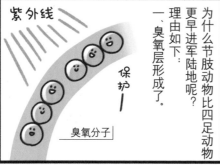

紫外线

保护——

臭氧分子

由于这些因素，它们不需要从头进化骨骼和学习呼吸，这也是它们比四足动物早五千万年进入陆地的原因。

因此植物向陆地进军变成可能。

二、氧气浓度上升。

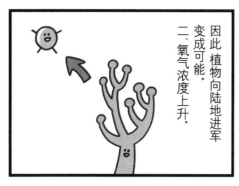

而且，从它们中诞生了昆虫纲，但是最古老的昆虫纲的全貌还是个谜。

最古老的昆虫纲
莱尼虫

三、节肢动物有着可以防御干燥的『外骨骼』。

呃呃——

那么，繁殖吧！

Devonian Period

4亿1900万年前 ～ 3亿5900万年前

泥盆纪

前寒武纪
46亿年前～
5亿4100万年前

震旦纪
6亿3500万年前～
5亿4100万年前

寒武纪
5亿4100万年前～
4亿8500万年前

奥陶纪
4亿8500万年前～
4亿4400万年前

志留纪
4亿4400万年前～
4亿1900万年前

石炭纪
3亿5900万年前～
2亿9900万年前

二叠纪
2亿9900万年前～
2亿5200万年前

三叠纪
2亿5200万年前～
2亿100万年前

侏罗纪
2亿100万年前～
1亿4500万年前

白垩纪
1亿4500万年前～
6500万年前

终于四足动物诞生，进军陆地的时候到了……

有颌的鱼

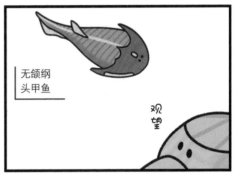

无颌纲
头甲鱼

观望

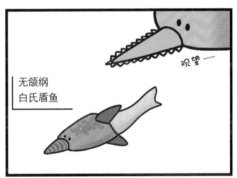

无颌纲
白氏盾鱼

观望……

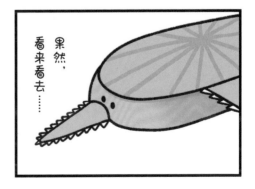

果然，看来看去……

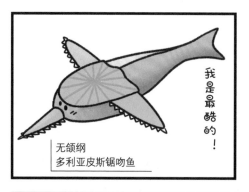

无颌纲
多利亚皮斯锯吻鱼

我是最酷的！

原因当然是……

等等——

咿呀呀！

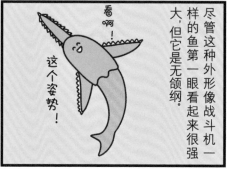

尽管这种外形像战斗机一样的鱼第一眼看起来很强大，但它是无颌纲。

看啊！

这个姿势！

抓到了！

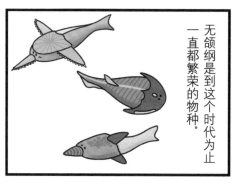

无颌纲是到这个时代为止一直都繁荣的物种。

？

但是，到现在依然存活下来的无颌纲，也仅剩七鳃鳗亚目和盲鳗亚目。

嘎吱

盾皮鱼纲

盾皮鱼纲
邓氏鱼

在有颌的鱼中，
最繁盛的是……

有颌的鱼的繁荣……

盾皮鱼纲。

它们的头部和身体
覆盖着骨甲，
虽然有颌，但是没有牙。

沟鳞鱼

邓氏鱼锋利的牙也是从
头部的骨头变形而来的。

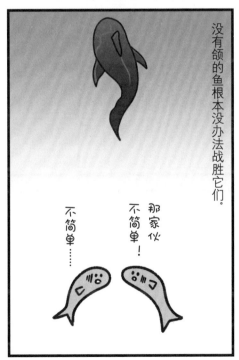

没有颌的鱼根本没办法战胜它们。

那家伙
不简单！

不简单……

啊，
让我来介绍，
怎么样？

现在给大家介绍
一些多样的盾皮鱼。

盾皮鱼纲
艾登堡母鱼

呃，是艾登堡母鱼吧？

小家伙儿，我是妈妈哟！

啊！

要生了！

咯咯

咚咚

泥盆纪已经存在胎生种了，吓一跳啊！

你现在才知道啊！

呼——

胎生不是卵生，它是在腹部孕育子孙的繁殖现象，有些鲨鱼就是卵胎生的。

怀孕了？不错吧！

好耶，好耶！

还有一种充满谜团的生物。

谁啊——谁啊？

因此，腹肌被认为是鱼类登上陆地以后才长出来的。

身体很重。

内脏好像要被压扁了。

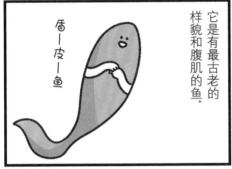

它是有最古老的样貌和腹肌的鱼。

盾—皮—鱼

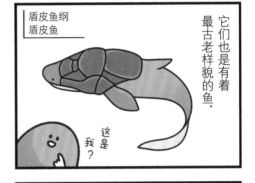

它们也是有着最古老样貌的鱼。

盾皮鱼纲
盾皮鱼

这是我？

什么？

我吗？

拥有人类直系祖先硬骨鱼类才有的脸骨。

① 前颌骨
② 上颌骨
③ 齿骨

组成脸部的骨头

嘿嘿！

腹肌是只有陆地动物才有的肌肉。

身体很轻所以不需要浮力。

现存物种中不存在有腹肌的鱼。

浮力

嗯，确实。

很厉害吧？

鱼的种类

盾皮鱼纲 邓氏鱼

骨甲覆盖全身。
在泥盆纪多样化并繁荣起来。

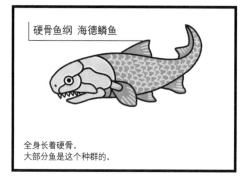

硬骨鱼纲 海德鳞鱼

全身长着硬骨。
大部分鱼是这个种群的。

棘鱼纲 栅棘鱼

鳍上长着刺，有颌。
主要生活在淡水中，到二叠纪时灭绝了。

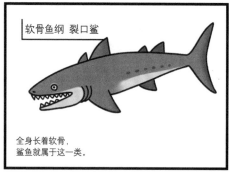

软骨鱼纲 裂口鲨

全身长着软骨，
鲨鱼就属于这一类。

古蕨

我是前裸子植物

最古老的树
古蕨

呀嚯—

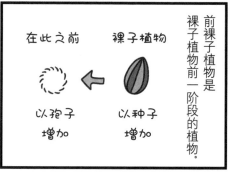

在此之前   裸子植物

以孢子   以种子
增加   增加

前裸子植物是
裸子植物前一阶段的植物。

前裸子植物是

目前的植物，过去都
属于以『孢子』繁殖的
物种。

辐鳍鱼亚纲与肉鳍鱼亚纲

这种以『孢子』繁殖的植物是以『种子』繁殖的『裸子植物』的祖先。

我想要制造出种子。

你的个头儿好——高——啊——

真的啊。

一边儿去！

嘶嘶——

和伙伴一起

把根延伸。

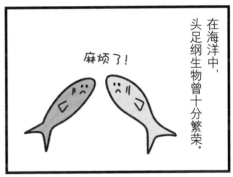

在海洋中，头足纲生物曾十分繁荣。

麻烦了！

哇！

哇！

森林诞生了。

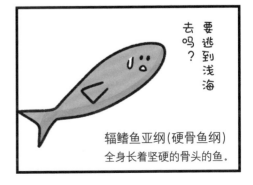

要逃到浅海去吗？

辐鳍鱼亚纲（硬骨鱼纲）
全身长着坚硬的骨头的鱼。

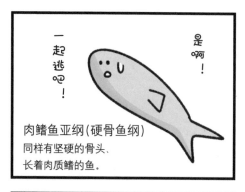

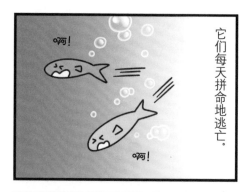

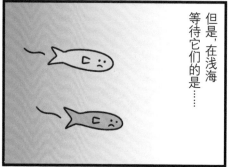

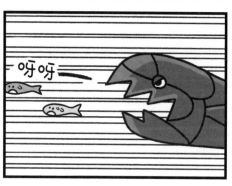

鱼鳍变发达

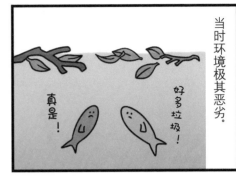

当时环境极其恶劣。

好多垃圾！

真是！

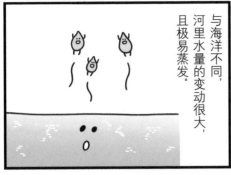

与海洋不同，河里水量的变动很大，且极易蒸发。

走开走开——

对于可以从空气中直接获取氧气的有肺的鱼而言，这十分有利。

呼呼——

啊！

水量又减少了啊。

哇！

要是没有水的浮力……

身体就变得好重啊！

嘿咻！

嘿咻！

就这样，它们开始了在河流中的生活。

从此以后，它们迅速开始着手进军陆地的准备。

在挣扎的过程中……

嘿咻 嘿咻！

这边 这边！

肉鳍鱼亚纲 潘氏鱼

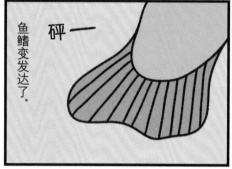

砰——

鱼鳍变发达了。

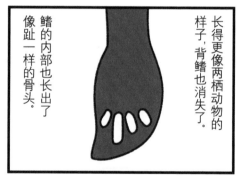

长得更像两栖动物的样子，背鳍也消失了。

鳍的内部也长出了像趾一样的骨头。

肉鳍鱼亚纲 真掌鳍鱼

甚至，实现进一步进化的生物出现了。

食物在哪里？

进化真是方便！

啊——

进军陆地

一、二，
一、二……

肉鳍鱼亚纲
提塔利克鱼

呼呼——

今天就做
到这里了。

它们拥有关节，
甚至可以做俯卧撑。

后鳍的内部长着骨头，
有头部和骨盘，
是介于鱼与两栖动物
之间的生物。

嗯。

又去了
浅滩
吗？

离进军陆地还差一点儿。

第二次生物大灭绝

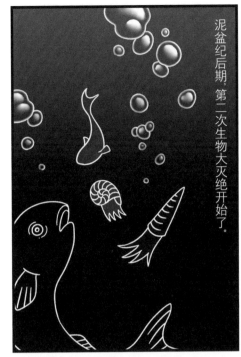

泥盆纪后期，第二次生物大灭绝开始了。

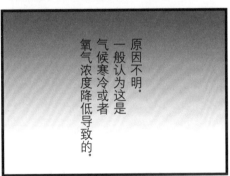

原因不明。一般认为这是
气候寒冷或者
氧气浓度降低导致
的。

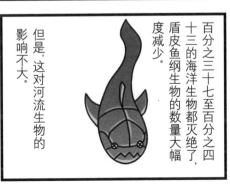

百分之三十七至百分之四
十三的海洋生物都灭绝了，
盾皮鱼纲生物的数量大幅
度减少。

但是，这对河流生物的
影响不大。

灭绝以后

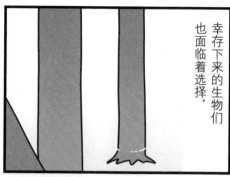

幸存下来的生物们也面临着选择。

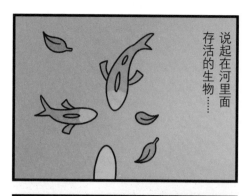

说起在河里面存活的生物……

河流逐渐干涸了……

主要是辐鳍鱼亚纲和肉鳍鱼亚纲。

海洋那边很糟糕！

好可怕！

真的吗？

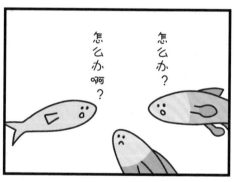

怎么办？

怎么办啊？

好险啊！

我们还好——

喂！

长出肺并进入河流，最终让它们有了不同的命运。

还好来河里啦！

？

辐鳍鱼亚纲

盾皮鱼那些家伙全部消失了！

好久不见——
大海。

真的！
啊，真的吗？!
太好了——

在没有盾皮鱼的海洋中，辐鳍鱼的数量不断地增加。

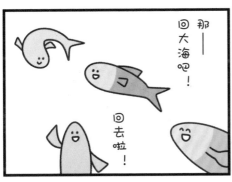

那——
回大海吧！
回去啦！

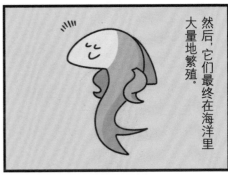

然后，它们最终在海洋里大量地繁殖。

现在，我们身边的鱼类多半都是辐鳍鱼。

或许曾经你们是一起
克服严峻环境的朋友。

记得一定要
去见它们哟。

也可能是一起
回到海洋中的
肉鳍鱼。

这个

辐鳍鱼长着一种
叫鱼鳔的器官。

鱼鳔

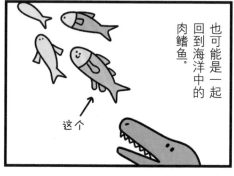

大海啊——

我要安静地生活了。

可以帮助它们呼吸空气，
调节浮力。

腔棘鱼成了至今
仍生活在深海中的「活化石」。

这被认为是
它们曾长着肺的证据。

肺已经
不用了。

用鱼鳔
就可以了。

进入陆地

岁月流逝……

同一时期，还有一种四足动物。

蝾螈科
棘螈

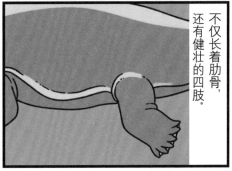

不仅长着肋骨，还有健壮的四肢。

它们是八趾两栖类。

我回来了！

欢迎回来。

终于，四足动物诞生了。

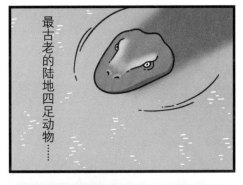

最古老的陆地四足动物……

我好像发现了能去陆地的家伙。

嘻？

嘎吱

四足总纲
鱼石螈

在距今约三亿六千万年前的远古时代，我们的祖先完成了登陆的壮举。

进化过程

在四足动物出现之前，诞生了各种各样的生物。

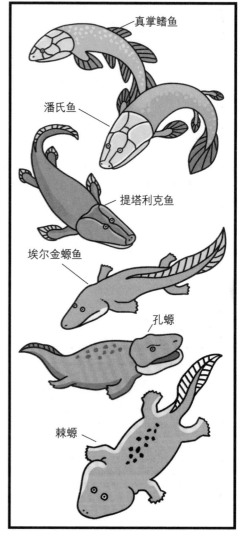

真掌鳍鱼

潘氏鱼

提塔利克鱼

埃尔金螈鱼

孔螈

棘螈

鱼石螈虽然被称为最早的陆地四足动物……

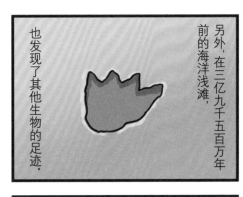

另外，在三亿九千五百万年前的海洋浅滩，也发现了其他生物的足迹。

实际上，也有人说它并没有适应陆地，几乎都生活在水中。

早在真掌鳍鱼出现的一千万年前，四足动物就已经诞生了。

由于它的身体构造与其他四足动物不一样，也有人主张鱼石螈与其他并不属于同一系统。

到底谁是我们的祖先？

无论如何，可以肯定的是，诞生在这个时代的生物与下一个时代『石炭纪』中大繁荣的『陆地动物』有着密切的联系。

Carboniferous Period

3亿5900万年前 ～ 2亿9900万年前

石炭纪

两栖动物进化，产生了虫类。

 前寒武纪
46亿年前～
5亿4100万年前

 震旦纪
6亿3500万年前～
5亿4100万年前

 寒武纪
5亿4100万年前～
4亿8500万年前

 奥陶纪
4亿8500万年前～
4亿4400万年前

 志留纪
4亿4400万年前～
4亿1900万年前

 泥盆纪
4亿1900万年前～
3亿5900万年前

 二叠纪
2亿9900万年前～
2亿5200万年前

 三叠纪
2亿5200万年前～
2亿100万年前

 侏罗纪
2亿100万年前～
1亿4500万年前

 白垩纪
1亿4500万年前～
6500万年前

两栖纲

进入陆地两千万年以后……

沙沙 —

两栖纲
彼得普斯螈

我是彼得普斯螈。

看啊，我会走路哦！厉害吧！

啪嗒

石炭纪　059

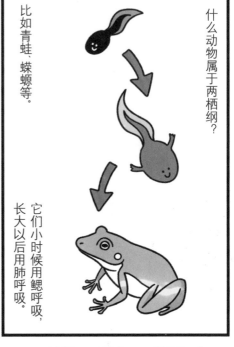

什么动物属于两栖纲？

比如青蛙、蝾螈等。

它们小时候用鳃呼吸，长大以后用肺呼吸。

终于上来了啊！

嗯！

已经不是小孩子了。

不耐干燥，因此皮肤上覆盖着黏膜，在水中产卵。

哇啦！

哇啦！

妈妈！

太好了，太好了！大家都到齐啦！

这时陆地上的动物只有两栖纲。

喂，这样的话……

怎么行呢？（不行吧？）

爬行纲

不想要登陆吗？

想·啊·

想·啊·

（想·啊·！）

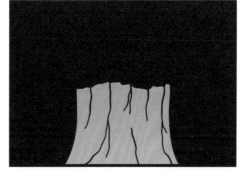

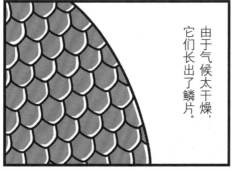

由于气候太干燥，它们长出了鳞片。

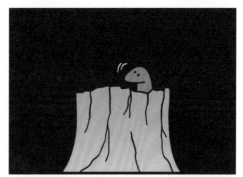

完全用肺呼吸。

生存下去啊。

它们是最早的爬行纲——林蜥。

卵？因为要在陆地上产卵，所以有了卵壳。

为了灵活地应对陆地生活，爬行动物诞生了。

奇怪的生物

从鱼类进化出四足动物，从两栖纲进化出爬行纲，生物就这样一路进化下去。

有别于不能远离水源的两栖纲，爬行纲可以逃离到内陆……

没有水的话，我会干枯的。

但是，其中也出现了退化的生物。

两栖纲
厚蛙螈

抓到了！

它们回到水中以后，手脚退化了。

没啥用了呢！

哎呀！

在没有天敌的内陆，它们的势力范围日益扩大。

还有这个生物，这可不是蛇！

两栖纲
无脚螈

但到进化成恐龙还需要一亿年。

饱嗝了～

大森林

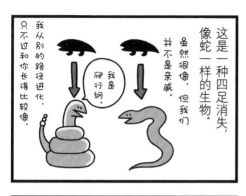

这是一种四足消失，像蛇一样的生物。

虽然很像，但我们并不是亲戚。

我从别的路径进化，只不过和你长得比较像。

爬行纲。我是

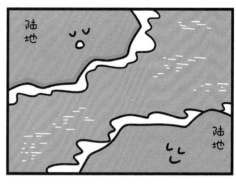

陆地

陆地

这是阔齿龙。

介于两栖纲和爬行纲之间
阔齿龙属

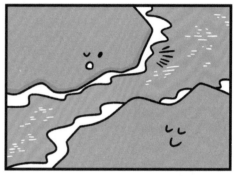

作为最古老的『植食动物』广为人知。

你看你看！

我的牙可以把植物磨碎噢！

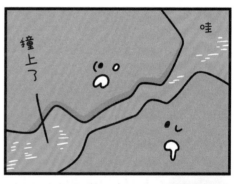

撞上了

哇

你们可真是随心所欲啊……

手和脚都退化了。

走了……

呀——

石炭纪　063

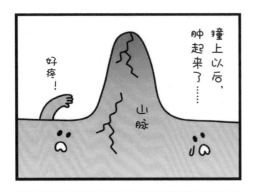

煤炭

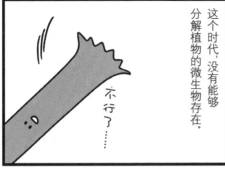

这个时代，没有能够分解植物的微生物存在。

不行了……

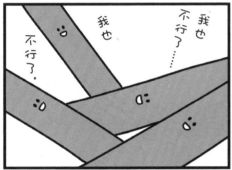

我也不行了……

我也不行了。

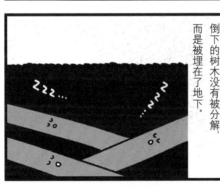

倒下的树木没有被分解，而是被埋在了地下。

ZZZ...

变成「煤炭」，然后，被人类使用。

这是大约三亿年后的事情。

扑扑——

昆虫

今天也进行光合作用了吗？

是的——

总觉得氧气又增加了。

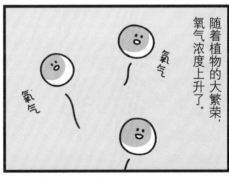

随着植物的大繁荣，氧气浓度上升了。

氧气

氧气

氧气浓度上升后，生物的体型也逐渐变大了。

铮————铮

敢问芳名？

我有七十厘米哟！

耶——

嚯！

巨脉蜻蜓。

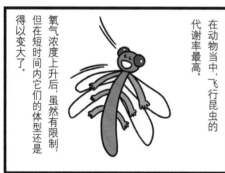

在动物当中，飞行昆虫的代谢率最高。

氧气浓度上升后，虽然有限制，但在短时间内它们的体型还是得以变大了。

听起来笨笨的啊。

抱歉啊。

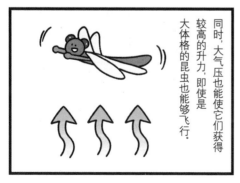

同时，大气压也能使它们获得较高的升力，即使是大体格的昆虫也能够飞行。

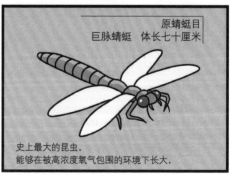

原蜻蜓目
巨脉蜻蜓 体长七十厘米

史上最大的昆虫。
能够在被高浓度氧气包围的环境下长大。

冰河时代

呀嚯！多谢各位的关照！

真是不好意思啊！

哼！适可而止吧！

冰河期又来了！

好冷啊！不行了，要死了！

这样，石炭纪走向了终结。进入了古生代最后的时代——二叠纪。

休息一下！

愤怒的铁拳1

如果被温柔所包容1

哎—

就职活动太麻烦了。

人类就是太聪明了，所以才容易想太多。

我……

实在太差劲了……

总之，转换一下心情吧。喜欢搞笑片吗？

嘿！别沮丧！笨蛋—

好吧，看看这个，打起精神来吧！

像这样边哭泣边嫌弃自己。恰恰说明你很聪明哦！

你看！很有意思吧！他们很有创意吧！振作点儿啦！嗯！我会继续加油的！

愤怒的铁拳2

啊——
找到工作了。

虽然很好，
每天过着一样的
生活也很无聊。

我说啊，
平凡也是
很了不起的事情。

太无聊了，
我的人生。

有人不仅被赶出家门，
甚至被赶出国门，
也有无人问津的人，
甚至死亡的人。

录取啦！
你被公司

稍微花点儿钱，
吃点儿美味的食物，
泡泡温泉，
是很不错的
享受。

恭喜！
喝一杯吧！

虽然这么说，但也
很理解你的心情。
再看看
好笑的
片子吧？
橘子呢？
没有橘子……
不合吧？

真核细胞

真是灾难啊！

嗯。

但是，那家伙

真核细胞代表哦。

长得好像

找啊找

找啊找

人体细胞起码有二百种以上，形状也各不相同。

我长得没有那样奇怪吧。

嘴巴客气点儿，

小子！

个性

Permian Period

2亿9900万年前～2亿5200万年前

二叠纪

前寒武纪
46亿年前～
5亿4100万年前

震旦纪
6亿3500万年前～
5亿4100万年前

寒武纪
5亿4100万年前～
4亿8500万年前

奥陶纪
4亿8500万年前～
4亿4400万年前

志留纪
4亿4400万年前～
4亿1900万年前

泥盆纪
4亿1900万年前～
3亿5900万年前

石炭纪
3亿5900万年前～
2亿9900万年前

兽形纲出现。
但是，生物大灭绝
爆发了……

三叠纪
2亿5200万年前～
2亿100万年前

侏罗纪
2亿100万年前～
1亿4500万年前

白垩纪
1亿4500万年前～
6500万年前

引螈

古生代最后的时代——
二叠纪。

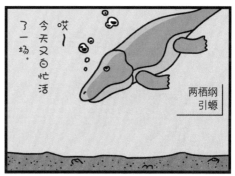

哎～
今天又白忙活
了一场。

两栖纲
引螈

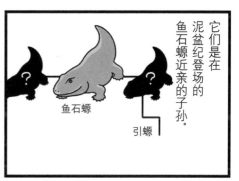

它们是在
泥盆纪登场的
鱼石螈近亲的子孙。

鱼石螈

引螈

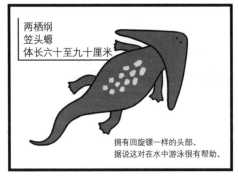

两栖纲
笠头螈
体长六十至九十厘米

拥有回旋镖一样的头部。
据说这对在水中游泳很有帮助。

回归

早啊!

早安!

适应了陆地的爬行纲
这次开始适应在水中生活。

这是即将到来的
『爬行纲时代』的前兆。

最近都没见到那个家伙。

在哪儿?
在哪儿?

扑通

我果然……

还是不适应陆地生活。

他这样说完,

就回到水里去了。

真的?我怎么没听说……他不是爬行纲吗?

糟了,不该说的。

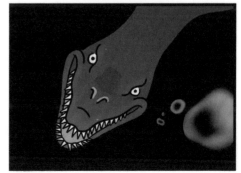

好可怕……

进军空中

爬行动物的多样化从未停止，它们在进军水中后，又开始向天空进军。

中龙目
中龙　体长一米
它是最早适应在水中生活的爬行动物。

啊，要是可以在天空中自由飞翔的话……

什么？
真的吗？
好可怕！

啪

兽形纲诞生

蜥形纲
空尾蜥

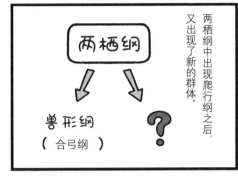

两栖纲中出现爬行纲之后，
又出现了新的群体。

兽形纲
（合弓纲）

？

兽形纲

最古老的兽形纲
始祖单弓兽

这种像龙一样的生物，
被认为是最早在天空中滑翔的
脊椎动物。

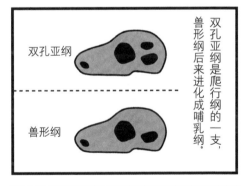

双孔亚纲是爬行纲的一支，
兽形纲后来进化成哺乳纲。

双孔亚纲

兽形纲

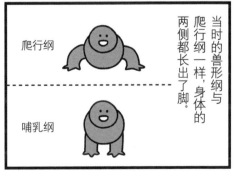

当时的兽形纲与
爬行纲一样，身体的
两侧都长出了脚

爬行纲

哺乳纲

各种各样的兽形纲

活动时，肺部受到压迫。

无法呼吸啊！

兽形纲
异齿龙

呼 呼

好辛苦。

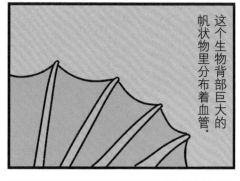

这个生物背部巨大的帆状物里分布着血管。

一遍，又一遍，

停下来休息。

这可以有效地调节体温。

因此，为了尽量减轻压迫感，才慢慢从两侧将脚伸到身体的下面。

啊——啊

我受够了！

兽形纲
杯鼻龙

它是九头身的模特也难以望其项背的生物。

狼蜥兽
体长三点五米

更加巨大的兽孔目也诞生了。

兽形纲中的『兽孔目』登场。

雷塞兽

双齿兽

麝足兽
体长五米

一种更大型的兽孔目也诞生了。

吓

吓 吓

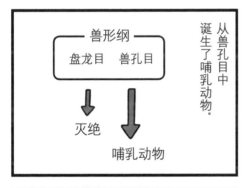

从兽孔目中诞生了哺乳动物。

兽形纲

盘龙目   兽孔目

灭绝

哺乳动物

兽形纲逐渐多样化、大型化，变得繁荣。

其中，长着巨大犬齿的雷塞兽是十分可怕的肉食动物。

忘形。

别得意

后来才

出现的。

明明是

两栖纲 双孔亚纲

x

二叠纪   081

争夺第一

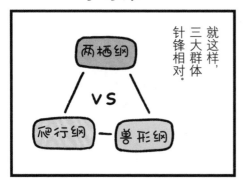

就这样，三大群体针锋相对。

兽形纲穷追不舍，两栖纲被逼入绝境。

停！

呀！

两栖纲溜之大吉！

首先，两栖纲开始攻击！

兽形纲胜利！取得了第一！

这时兽形纲登场！好厉害的牙！

爬行纲毫无还手之力！

将来……我一定会回来的！

第三次生物大灭绝

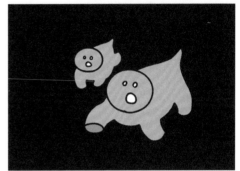

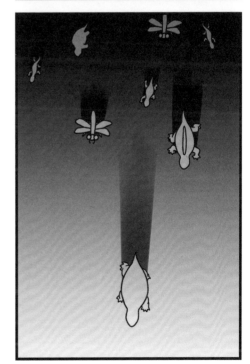

火山大规模地爆发。

浮游生物摄取土壤中的营养，这时氧气被消耗了。

呑

呑

呑

大气中飘满了飞尘，气候变冷导致植物减少。

好冷！

要死了。

浅海变成无氧状态。

氧气

不好了！

这下麻烦大了！

扎根处出现了空洞……

空空的

沉入海底的硫化氢进入大气中。

硫化氢

土壤流入了浅海。

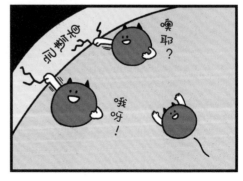

噢耶？

哦呀！

呼呼

紫外线

欧斯拉

欧斯拉

轻松了。

啊——

已经面临灭绝危机的三叶虫也受到致命一击，最终全军覆没。

咚！

咚！

咚！

氧气浓度降低，有毒气体蔓延。

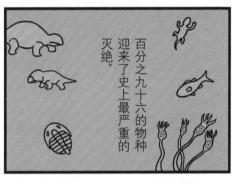

百分之九十六的物种迎来了史上最严重的灭绝。

好热啊！

不行了……

由于臭氧层的破坏和二氧化碳的增加，气温上升了。

海洋和陆地中许多生物相继丧命。

一定可以活下去的！

不要放弃！

嗯！

流星！
真的耶！

三叠纪

前寒武纪
46亿年前~
5亿4100万年前

震旦纪
6亿3500万年前~
5亿4100万年前

寒武纪
5亿4100万年前~
4亿8500万年前

奥陶纪
4亿8500万年前~
4亿4400万年前

志留纪
4亿4400万年前~
4亿1900万年前

泥盆纪
4亿1900万年前~
3亿5900万年前

石炭纪
3亿5900万年前~
2亿9900万年前

二叠纪
2亿9900万年前~
2亿5200万年前

侏罗纪
2亿100万年前~
1亿4500万年前

白垩纪
1亿4500万年前~
6500万年前

爬行纲大量活跃的同时，哺乳纲诞生了。

回到水中的生物

情况十分严峻，高温和低氧让生物们十分痛苦。

啊……好热……

水……

水……

扑通

扑通

水龙兽

兽形纲
水龙兽

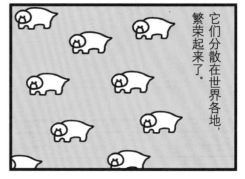

初龙

横越大陆。
它们并不是靠游泳

这是最先应对了低氧状态，
留在陆地上的爬行纲。

是不行的。

这个姿势

所以说，

因为盘古大陆已经形成了。

世界连在了一起。

亚欧大陆

北美

非洲

南美

印度

南极

澳大利亚

哟嚯！

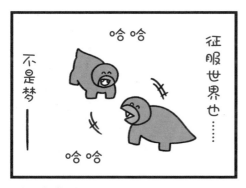

征服世界也……

哈哈

不是梦——

哈哈

没有压迫感了。

呜噢

噢

噢

噢

氧气浓度
百分之十五

但坦白来说，
氧气太少，
难受！

我懂。

可以边跑
边呼吸。

喔

噢

噢

噢

噢

与现存的鳄类不同，它们与哺乳动物一样，脚可以直立起来。

哈哈——太舒服了！

初龙类诞生。

初龙类
派克鳄

呃，有点儿恶心。

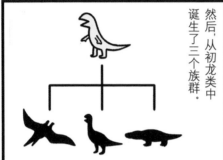

然后，从初龙类中诞生了三个族群。

你这家伙！揍你了！

首先是镶嵌踝类初龙。后来进化成鳄鱼的族群。

镶嵌踝类初龙
灵鳄

灵鳄跑得非常快。

切！

笨——蛋！

镶嵌踝类初龙
蜥鳄

翼龙

另一个族群——

最近好像又胖了。

这两片蝴蝶袖好碍眼哦。

咻……

缺点也是优点！

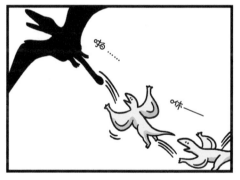

咻……

咻——

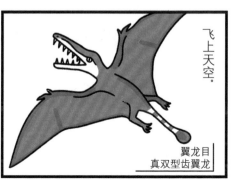

飞上天空。

翼龙目
真双型齿翼龙

恐龙

然后，最后一个族群——

嘎

妈妈——

蜥形纲
始盗龙

恐龙诞生。

这个小生物未来将统领世界。

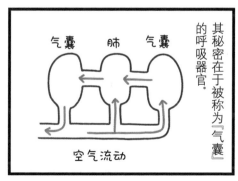

其秘密在于被称为『气囊』的呼吸器官。

气囊　肺　气囊

空气流动

三叠纪　091

犬齿兽亚目

现代的鸟类也继承了这个气囊。

所以，在空气稀薄的高空也可以优雅地飞翔。

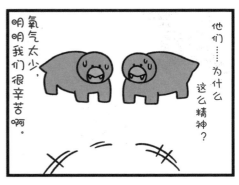

他们……为什么这么精神？

氧气太少，明明我们很辛苦啊。

在这个氧气稀少的时代，它们也占尽优势。

很——轻松！

不知不觉中，数量迅速增加……

明明是我们的乐园啊……

但这个差别，给我们的祖先造成了巨大的打击。

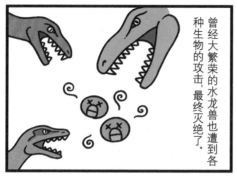

曾经大繁荣的水龙兽也遭到各种生物的攻击，最终灭绝了。

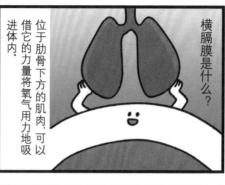

横膈膜是什么？

位于肋骨下方的肌肉，可以借它的力量将氧气用力地吸进体内。

然后，

长出了次生腭。

兽形纲（犬齿兽亚目）
奇尼瓜齿兽

次生腭是什么？

它使鼻腔和口腔分隔，使其可以边进食边用鼻子呼吸。

好吃！好吃！

我长出横膈膜了！

从兽形纲中诞生了与哺乳纲接近的犬齿兽。

我厉害吧！

哺乳动物

虽然它们也适应了低氧环境，但还是比不上拥有气囊的恐龙。

兽形纲类的动物们逐渐变弱了。

哺乳纲
隐王兽

终于……

哺乳动物的进化

从犬齿兽类中，诞生了哺乳动物。

犬齿兽亚目
前贝氏兽　体长三十厘米

外面有恐龙，很危险。

晚上行动吧。

是啊！

犬齿兽亚目
艾克萨瑞齿兽　体长两米

哺乳纲
摩根锥齿兽　体长八厘米
有着最早期哺乳动物的特征.

这样，哺乳动物进化成夜行性动物生存了下来。

zzz

哺乳纲
隐王兽　体长十厘米
被称为最古老的哺乳动物，
名字有"不引人瞩目的王"的意思.

鱼龙

海洋中发生了翻天覆地的变化。

陆地爬行纲回到海洋后，改变了形态，支配着海洋。

鱼龙目的祖先
始祖鱼龙

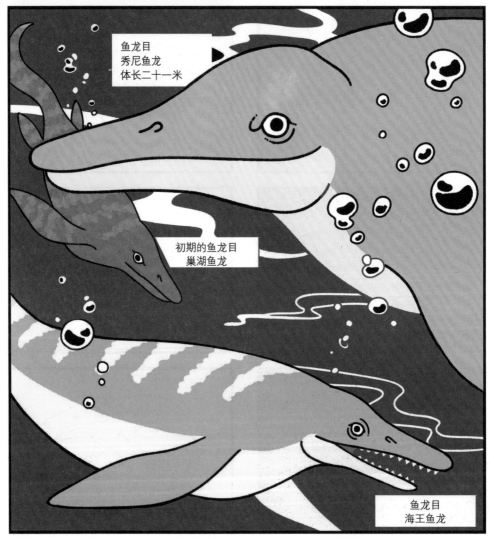

鱼龙目
秀尼鱼龙
体长二十一米

初期的鱼龙目
巢湖鱼龙

鱼龙目
海王鱼龙

大型恐龙

除了鱼龙以外，还有很多其他生物诞生。

爬行纲
楯齿龙

脊椎动物亚门
云贵中国龙龟

鳍龙超目
贵州龙

爬行纲
奇异滤齿龙

咕噜！

不管是陆地还是海洋，爬行纲在这个时代都占据顶端。

当时，处于生态系统顶端的是镶嵌踝类初龙。

镶嵌踝类初龙
法索拉鳄

第四次生物大灭绝

哆

在超过一亿年的漫长时间里，它一直站在生物系统顶端，傲视群雄。

第四次生物大灭绝发生时……

哆哆哆哆哆

恐龙在生存竞争中取得了胜利。

或许是因为气囊系统的功劳，又或许是运气，也可能是脚力发挥了作用。

所以……

侏罗纪揭开序幕。

Jurassic Period

2亿100万年前 ～ 1亿4500万年前

侏罗纪

在被恐龙支配的世界里，哺乳动物战战兢兢地生活着。

前寒武纪
46亿年前～
5亿4100万年前

震旦纪
6亿3500万年前～
5亿4100万年前

寒武纪
5亿4100万年前～
4亿8500万年前

奥陶纪
4亿8500万年前～
4亿4400万年前

志留纪
4亿4400万年前～
4亿1900万年前

泥盆纪
4亿1900万年前～
3亿5900万年前

石炭纪
3亿5900万年前～
2亿9900万年前

二叠纪
2亿9900万年前～
2亿5200万年前

三叠纪
2亿5200万年前～
2亿100万年前

白垩纪
1亿4500万年前～
6500万年前

恐龙时代

啪
啪

看，这场战争惊心动魄，根本停不下来啊！

嘻嘻嘻嘻

咕噜噜

噜噜……

现在正在交战的是剑龙与异特龙。

吓

吓

咕噜。

啊！

欢迎来到侏罗纪。

啊，大家好。

看起来还是走为上策！

溜溜溜！

陷阱

侏罗纪是不折不扣的恐龙的时代。

捎我一程——

三叠纪末的生物大灭绝导致一些镶嵌踝类初龙消失了。

好——

谢谢——

由于生态系统中的支配者不在了,恐龙的数量不断增加,而且种类多样化。

体长三十五米的巨型生物,在它走过的地方,都留下了巨大的陷阱。

恐龙总目
马门溪龙

老哥!

蜥臀目与鸟臀目

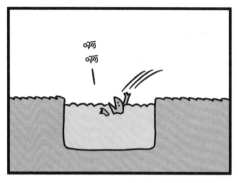

恐龙大致可以被分为两个种群。

恐龙总目

一个是蜥臀目。兽脚亚目和蜥脚亚目等属于这一种群。

兽脚亚目

蜥脚亚目

另一个是鸟臀目。

剑龙亚目

角龙亚目

鸟脚亚目

那么，让我稍微解释一下吧。

始祖鸟

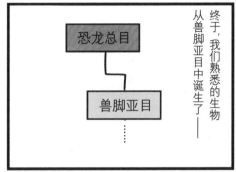

终于，我们熟悉的生物从兽脚亚目中诞生了——

恐龙总目

兽脚亚目
……

我们可没有像蜥臀目那样的气囊。

这就是鸟类。

但是我们也很强，比如这只剑龙。

刚才和异特龙交战了？

我们身上多半都自带武器。

兽脚亚目
始祖鸟

但是，我们是素食动物！看起来很生猛，实际上并不可怕哦。

多多关照啊！

羽毛

除了始祖鸟以外，还有其他恐龙也有羽毛。

是用这帅气的翅膀在天空中飞翔的吗？

兽脚亚目
似松鼠龙

但似乎还并不能在天空中自由地飞翔。

啪

软软的——

柔柔的——

仅限于在天空中滑行哦。

噗噗——

那个家伙真会卖乖。

有人说，这对翅膀是为了向雌性展现自己。

帅吧？

真兽亚纲

我一出生就有羽毛了。

兽脚亚目
侏罗猎龙

Zzz...

软软的—
柔柔的—♥

它是中华侏罗兽。

它是我们的「曾祖母」。

我很喜欢啊！

呃……

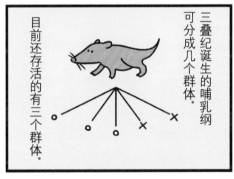

三叠纪诞生的哺乳纲可分成几个群体。

目前还存活的有三个群体。

喂，还不回来！

因为从没有见过嘛……

第一类是原兽亚纲。

鸭嘴兽
卵生

进入水中和天空

哺乳纲
獭形狸尾兽

第二类是有袋目。

袋鼠类
出生时未发育完全，
会在育儿袋中继续成长。

第三类是真兽亚纲。

包括人或猫、狗等
有胎盘的群体。

这只像老鼠一样的动物
是最古老的真兽亚纲。

哈～

在水中
真舒服
啊！

真好呀！

呼——

做了个好梦啊！

恐龙是
不可能
消失的啦……

我？

啪啊

花

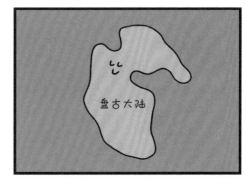

盘古大陆

呃，我更想飞到天空中去。

啊，是吗？

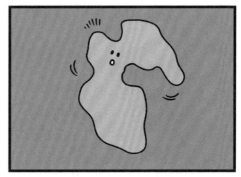

嘿

啪

哺乳纲
远古翔兽

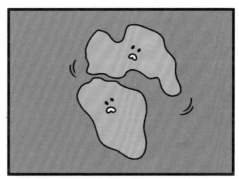

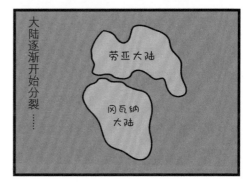

大陆逐渐开始分裂……

劳亚大陆

冈瓦纳大陆

但这个群体未能延续，已经灭绝了。

好帅！

啪
啪

植物中……

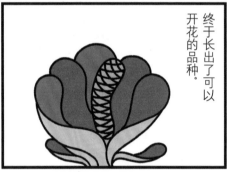

终于长出了可以开花的品种。

Cretaceous Period

1亿4500万年前 ～ 6500万年前

白垩纪

巨大的陨石改变了恐龙和哺乳动物的命运。

前寒武纪
46亿年前～
5亿4100万年前

震旦纪
6亿3500万年前～
5亿4100万年前

寒武纪
5亿4100万年前～
4亿8500万年前

奥陶纪
4亿8500万年前～
4亿4400万年前

志留纪
4亿4400万年前～
4亿1900万年前

泥盆纪
4亿1900万年前～
3亿5900万年前

石炭纪
3亿5900万年前～
2亿9900万年前

二叠纪
2亿9900万年前～
2亿5200万年前

三叠纪
2亿5200万年前～
2亿100万年前

侏罗纪
2亿100万年前～
1亿4500万年前

鱼龙灭绝

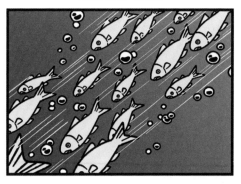

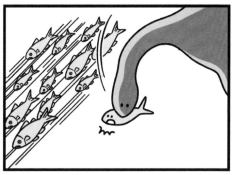

在海洋里，蛇颈龙实现了大繁荣。

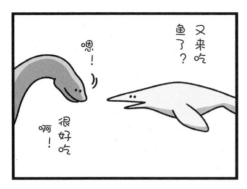

暴龙

咚咚咚

暴龙超科
帝龙

哇哇——

咚咚咚

这里已经不能待了。

逃到美洲去吧！

藏在哪里了？

溜

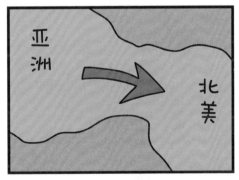

亚洲

北美

那边吗！

扑通

扑通

这里是美洲吗？

好热啊，把羽毛脱了。

这时，暴龙类体型还很小，并且长着羽毛。

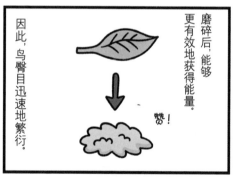

哈哈
哈哈

大家都长得好大啊！

我也要变得更大才行！

暴龙超科
霸王龙　体长十三米　体重六吨
咬合力五万七千牛顿,陆地生物中最大的物种.
在成长期一年能增重七百千克.

不要输给任何人！

哈一

呃呃——

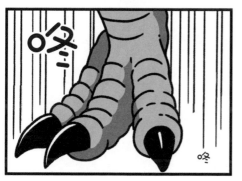

咚

咚

白垩纪末期诞生了中生代最后的霸主。

化石

最后的生物大灭绝

长颈龙

菊石

翼龙

沧龙

在持续了八千万年的白垩纪，许多生物诞生、争斗，最终消亡。

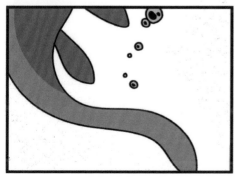

幸存下来的生物们，终于在这里走向了终结。

妈妈，那是什么？

咝

哇

搞什么!?

刚想说
好久不见，
终于登场了。

似乎发生了
很重大的
事情。

直径长达十千米的
巨大陨石落下来了。

希克苏鲁伯陨石

撞击地球后其释放的能量，
据说是广岛原子弹爆炸的
十亿倍，东日本大地震·的
一千倍左右。

* 东日本大地震：2011年3月11日发生在日本东北部太平洋海域的强烈地震，为世界第五大地震。

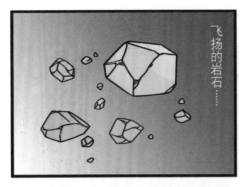

飞扬的岩石……

方圆一千米范围内的生物立即死亡。

地面温度上升至一万摄氏度。

从大气层迅速落下。

几小时内，就变成了地狱般的景象。

幸存下来的生物也陷入困境。

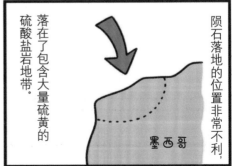

陨石落地的位置非常不利，

落在了包含大量硫黄的硫酸盐岩石地带。

墨西哥

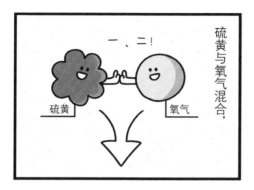

硫黄与氧气混合。

海洋生物开始溶解。

作为食物的浮游生物
也受灾了。

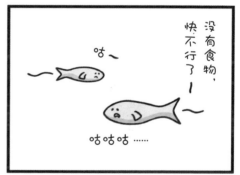

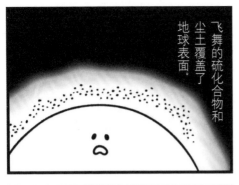

飞舞的硫化合物和尘土覆盖了地球表面。

『黑暗』降临。

太阳光被挡住了。

硫化合物(浮质)

由于寒冷、光照减少、酸雨等，植物的数量锐减。

地球开始迅速降温。

抖

抖

抖

因此，食草动物也遭受了巨大的打击。

然后……

食草动物死后，食肉动物的食物也没有了。

陆地和海洋的生态系统逐渐崩溃。

植物死亡
↓
食草动物灭绝
↓
食肉动物灭绝

浮游生物
贝类 灭绝
↓
海洋生物灭绝

需要大量能量的大型动物也没撑多久。

体重在二十五千克以上的生物大多灭绝了。

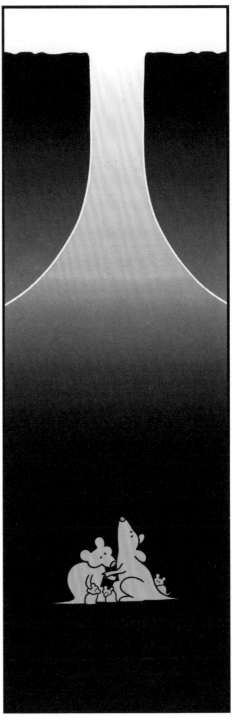

124

终结后……新的开始

恐龙支配地球
长达一亿年的时代终结。

它们改变了模样，继续生活在我们的周围。

爬行纲
鳄目

幸存下来的动物们逐渐恢复。

嗒 嗒 嗒

而这只小小的哺乳动物为什么会幸存下来呢？

沙沙

因为它们身形娇小，能够躲进洞穴中，所以逃过一劫。

切！

从兽脚亚目中诞生的鸟类，是唯一幸存下来的恐龙。

126

接下来，谁会取得生态系统的顶端地位呢？

再加上是杂食动物，所以不怕没东西吃。

生物们拥有着远远超出我们想象的生命力。

并且，它们的繁殖周期很短，所以很快就适应了环境。

还进化出了胎盘来保护孩子……

诸如此类。

我们从它们手中接过接力棒，还有六千五百万年……

尾声

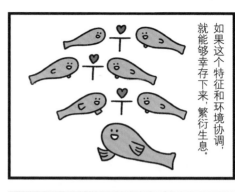

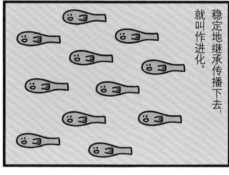
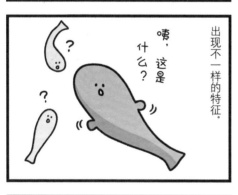

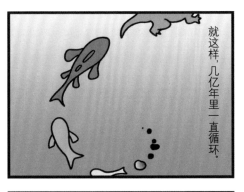

就这样，几亿年里一直循环。

现在，确实是你们人类站在了生态系统的顶端。

真的！

都快想不起来了呢！

这期间，我依然在不断地出错。

写好了！

人类的诞生

也只是在数十万年前哟！

在严峻的自然界，生物在幸存下来的同时，也面临着自然淘汰。

咕噜噜

即使是统治地球一亿年之久的恐龙，如今都成为你餐桌上的美食了。

环境当然也是在不断变化的。

一百年后，一千年后，十万年后，会变成什么样呢？

罢了，罢了，谁输了，谁又赢了，无所谓。我也只是不断地增加而已。

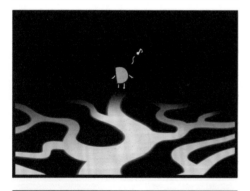

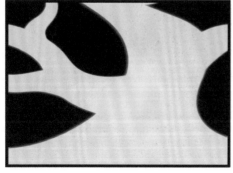

晚会

化妆晚会！

休一

哇！

哇！

这是万圣节！

嚎嚎—不错啊！

以后人类要怎么进化呢？

一起观察吧。

这是圣诞节！

哦，

很明显，身体逐渐退化吧。

明白！

体毛和牙齿也会没有。

这是元旦！

嚎嚎—

啊啊，你回来啦—

我借用了你的烤章鱼机。

多细胞生物

什么是
多细胞
生物
呢？

专家云集啊！

哎——

工作人员的盒
饭还没到吗？

快饿死了——

嘿嘿——

像是在创作
一个作品一样。

人体的话，

首先是有很多的
细胞。

样……

我觉得是这

……

好的。

你们是
神经！

你们是皮肤！

在我看来，

人类就是一个生命共同体嘛。

我去打造
皮肤！

这是今天
看到的
样子。

要成为各个
器官的专家哦。

六十年后的自己

啊——

提不起干劲儿！

看着公园里各色各样的人。

啊——

我也有过年轻的时候啊——

就在这时！

虽然很辛苦，但再也回不去了。

六十年后的自己

锵——锵！

锵锵锵锵

好，那么醒来以后，还是二十岁的自己！

啊！

想象六十年后的自己……

六十年后的自己

八十岁？

啊啊，上进点儿啊，还没变成老爷爷呢。

我要加油了。

感觉什么都能够做到！

蝴蝶效应

哈，这个奇怪的生物是什么——

当初陨石偶然落下来，恐龙就死了。就是因为陨石落下来了，才有了你，知道吗？

你这家伙，你觉得你和我没什么关联吗？

啊？

不会再出现了。再也不会有我们了。

我们都已经死了，

不是啊，我是说你不会是我的祖先。

我们只是在很久之前分成不同的种类而已。

但是，正因为我们出现过，才有了你们——

当下稍微产生小变化，未来就会发生大变化。

知道什么是蝴蝶效应吗？

啪嗒

好好给我记住了！

对……对不起。

自我介绍

好榛！还有话筒！

主播看起来好帅气！

呃！

我用细胞核保护DNA。

呀嚯，大家好！我是真核生物。

喜欢的甜甜圈是什么！

经典甜甜圈？

啊？

什么？什么？

我喜欢甜甜圈！

接下来我将采访各种生物。

请多关照。

耳机　　　RNA

今天我来采访DNA同学。

你——好！

非常抱歉在您休息的时候打扰您。

DNA同学平常都做些什么呢？

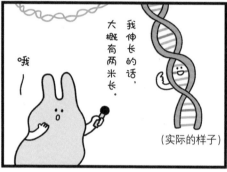

我伸长的话，大概有两米长。

哦——

（实际的样子）

呃——我啊，是独一无二的存在，所以我不能从细胞核里跑出去。

因此，我下命令，指示他们制造蛋白质。

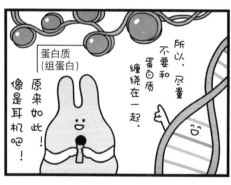

蛋白质（组蛋白）

所以，尽量不要和蛋白质缠绕在一起。

原来如此！像是耳机吧！

原来如此！是交给小弟们啊。

RRR

RNA三兄弟。

以上是来自现场的报道！

DNA是耳机！

耳机？

其实，我很想叫他自己做。

我想也是。

蛋白质

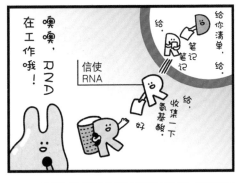

头发

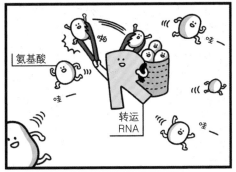

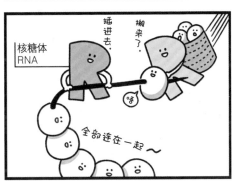

人类的差异

今天是街头采访。

想变可爱啊。

想变成女明星那样的瓜子脸。

人类的DNA其实没有非常大的差别。

已经接近女明星的脸型了。

人类的DNA和黑猩猩的百分之九十九一致。

维生素C

晒伤了，不得不摄取一些维生素C。

喈？

哺乳动物体内……不生产维生素C吗？

咦……他们都生产吗？

当然啊。

喈—

不然会死的。

进化到底是什么？

为什么？你知道补充剂呀、点滴呀，我打了多少吗？太狡猾了。

冷静点儿。

人类真是麻烦啊。

中立论

还真是的

啊—

冷静点儿

真的有这种事哦！

可以从森林里的果实中摄取丰富的维生素，即使自身不生产也没什么问题的。

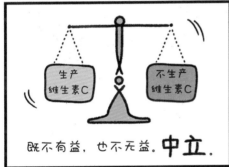

生产维生素C

不生产维生素C

既不有益，也不无益。**中立。**

不能生产维生素C的动物

人类

豚鼠

这样中立的遗传因子也偶然合扩散和进化的。

生物的本体

医学上，有脑死亡的情况，那么，生物的本体是大脑吗？

没有脑的生物也存在很多……

毕竟，脑是后来才产生的。

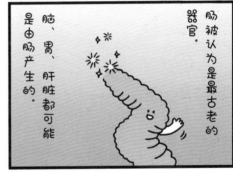

肠被认为是最古老的器官。

脑、胃、肝脏都可能是由肠产生的。

另外，口腔和肛门原本也是同样的器官。

恶心—

噢

牙齿的真面目

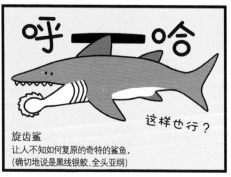

旋齿鲨
让人不知如何复原的奇特的鲨鱼。
(确切地说是黑线银鲛, 全头亚纲)

三叶虫

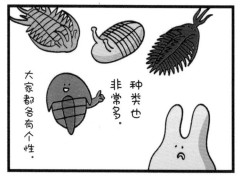

神秘的化石

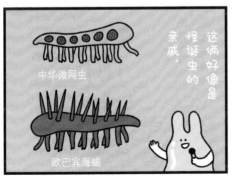

恐龙

鲨鱼

扑通——

啊，鲨鱼！你在与盾皮鱼、鱼龙、虫类等的生存竞争中大获全胜！

自泥盆纪诞生了以后，直到现在为止，形态几乎没有改变地生存了下来。但在这本书中却没有介绍你！

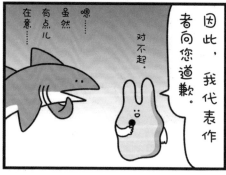

因此，我代表作者向您道歉。

对不起……

嗯……虽然有点儿在意……

最后

到此我的工作也结束了吧……

呼呼……

最后，请您再说几句。

嗯……

啊……

希望你们读了此书以后，哪怕只是一会儿，能够时常想起……作为祖先已经消失的动物们就好了。

那么，各位，再见了。后会有期哦。

幕后

好，卡！

去庆功宴的人请来集合——

好耶！

牛牛

OK

大家辛苦了。

辛苦了！

吃什么呢？

烤肉怎么样？

真核同学！

不错啊。

您过奖啦！

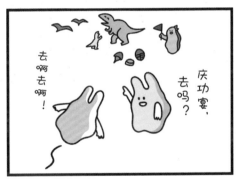

庆功宴，去吗？

去啊去啊！

辛苦了——

哈喽

呼——

收工了。

古生物大部队

监修者的话

生命进化的故事是充满生机、令人神往的。

此书可以让您悠闲地享受这样的故事。种田琴美在"好的意义"上轻松的会话与叙事，一定吸引到你了吧。

在创作过程中，为保证内容的准确性和科学性，我在不破坏种田笔调的前提下，查阅了大量参考资料，核对相关的科学信息。生命史原本就是一个日新月异、众说纷纭的领域。如果制作成电视特别节目，则最起码需要拍十几集。编纂成书也需要七八册才能概括。

想要放松心情阅读生命史的人，可以先入手此书。像这样能身心愉悦地感受生命史的书，几乎是很难见到的。即便是放松心情，感受从生命的诞生到恐龙的灭绝近40亿年的这段漫长时间，也是一次难得的经历吧。

一起阅读此书来了解生命和古生物世界的乐趣，并将其作为前进的跳板吧。

2018年12月

科学作家

土屋 健

作者简介

[日] 种田琴美　著

　　大阪艺术大学情报设计专业毕业。大学时学习电脑绘画、多媒体作图等。曾从事平面设计和网页设计的工作，现为自由撰稿人。

　　2018年1月，因为兴趣开始创作古生物学的漫画，并发布在社交媒体上。同年7月开始，在由鳄鱼书社书籍编辑部主办的WEB报刊*WANI BOOKOUT*上连载《请多指教！真核生物君》。

[日] 土屋健　监修

　　埼玉县人。科学作家。金泽大学地质学、古生物学硕士。毕业后曾担任科学杂志《牛顿》（*Newton*）的编辑记者、部长代理等。常以古生物学为研究对象向杂志投稿。合著作品有《地球的故事365日》等。

庾凌峰　译

　　日本兵库教育大学学校教育学博士。安徽大学外语学院日语系讲师、日本立命馆大学客座研究员。美国海外教育研究中心（OMSC）、耶鲁大学访问学者。研究方向为中日思想关系史。发表论文数篇，日本丸善出版社出版合译著作一部。

●本作品中登场的人物、生物及台词等均为虚构。